故宫之美

寻宝·探秘·看展实用手账

祝勇　著

人民文学出版社

天天出版社

六百年的宫殿（2020年正好是故宫建成六百周年）、七千年的文明（故宫博物院收藏的文物贯穿整个中华文明史），一个人走进去，就像一粒沙被吹进沙漠，立刻就不见了踪影。故宫让我们肃然起敬，只能安静地、认真地注视和倾听。

　　我认真地写下每一个字，我知道自己的笔是那么的笨拙、无力，但至少充满诚意。这是对我们古老文明的惊讶与慨叹，是一种由文化血统带来的由衷自豪。我们需要了解关于故宫的历史，并将中华文明发扬光大。

2021

一
S	M	T	W	T	F	S
					1	2
3	4	5	6	7	8	9
10	11	12	13	14	15	16
17	18	19	20	21	22	23
24	25	26	27	28	29	30
31						

二
S	M	T	W	T	F	S
	1	2	3	4	5	6
7	8	9	10	11	12	13
14	15	16	17	18	19	20
21	22	23	24	25	26	27
28						

三
S	M	T	W	T	F	S
	1	2	3	4	5	6
7	8	9	10	11	12	13
14	15	16	17	18	19	20
21	22	23	24	25	26	27
28	29	30	31			

四
S	M	T	W	T	F	S
				1	2	3
4	5	6	7	8	9	10
11	12	13	14	15	16	17
18	19	20	21	22	23	24
25	26	27	28	29	30	

五
S	M	T	W	T	F	S
						1
2	3	4	5	6	7	8
9	10	11	12	13	14	15
16	17	18	19	20	21	22
23	24	25	26	27	28	29
30	31					

六
S	M	T	W	T	F	S
		1	2	3	4	5
6	7	8	9	10	11	12
13	14	15	16	17	18	19
20	21	22	23	24	25	26
27	28	29	30			

七
S	M	T	W	T	F	S
				1	2	3
4	5	6	7	8	9	10
11	12	13	14	15	16	17
18	19	20	21	22	23	24
25	26	27	28	29	30	31

八
S	M	T	W	T	F	S
1	2	3	4	5	6	7
8	9	10	11	12	13	14
15	16	17	18	19	20	21
22	23	24	25	26	27	28
29	30	31				

九
S	M	T	W	T	F	S
			1	2	3	4
5	6	7	8	9	10	11
12	13	14	15	16	17	18
19	20	21	22	23	24	25
26	27	28	29	30		

十
S	M	T	W	T	F	S
					1	2
3	4	5	6	7	8	9
10	11	12	13	14	15	16
17	18	19	20	21	22	23
24	25	26	27	28	29	30
31						

十一
S	M	T	W	T	F	S
	1	2	3	4	5	6
7	8	9	10	11	12	13
14	15	16	17	18	19	20
21	22	23	24	25	26	27
28	29	30				

十二
S	M	T	W	T	F	S
			1	2	3	4
5	6	7	8	9	10	11
12	13	14	15	16	17	18
19	20	21	22	23	24	25
26	27	28	29	30	31	

2022

一
S	M	T	W	T	F	S
						1
2	3	4	5	6	7	8
9	10	11	12	13	14	15
16	17	18	19	20	21	22
23	24	25	26	27	28	29
30	31					

二
S	M	T	W	T	F	S
		1	2	3	4	5
6	7	8	9	10	11	12
13	14	15	16	17	18	19
20	21	22	23	24	25	26
27	28					

三
S	M	T	W	T	F	S
		1	2	3	4	5
6	7	8	9	10	11	12
13	14	15	16	17	18	19
20	21	22	23	24	25	26
27	28	29	30	31		

四
S	M	T	W	T	F	S
					1	2
3	4	5	6	7	8	9
10	11	12	13	14	15	16
17	18	19	20	21	22	23
24	25	26	27	28	29	30

五
S	M	T	W	T	F	S
1	2	3	4	5	6	7
8	9	10	11	12	13	14
15	16	17	18	19	20	21
22	23	24	25	26	27	28
29	30	31				

六
S	M	T	W	T	F	S
			1	2	3	4
5	6	7	8	9	10	11
12	13	14	15	16	17	18
19	20	21	22	23	24	25
26	27	28	29	30		

七
S	M	T	W	T	F	S
					1	2
3	4	5	6	7	8	9
10	11	12	13	14	15	16
17	18	19	20	21	22	23
24	25	26	27	28	29	30
31						

八
S	M	T	W	T	F	S
	1	2	3	4	5	6
7	8	9	10	11	12	13
14	15	16	17	18	19	20
21	22	23	24	25	26	27
28	29	30	31			

九
S	M	T	W	T	F	S
				1	2	3
4	5	6	7	8	9	10
11	12	13	14	15	16	17
18	19	20	21	22	23	24
25	26	27	28	29	30	

十
S	M	T	W	T	F	S
						1
2	3	4	5	6	7	8
9	10	11	12	13	14	15
16	17	18	19	20	21	22
23	24	25	26	27	28	29
30	31					

十一
S	M	T	W	T	F	S
		1	2	3	4	5
6	7	8	9	10	11	12
13	14	15	16	17	18	19
20	21	22	23	24	25	26
27	28	29	30			

十二
S	M	T	W	T	F	S
				1	2	3
4	5	6	7	8	9	10
11	12	13	14	15	16	17
18	19	20	21	22	23	24
25	26	27	28	29	30	31

日	一	二
3 二十	**4** 廿一	**5** 小寒
10 廿七	**11** 廿八	**12** 廿九
17 初五	**18** 初六	**19** 初七
24 十二	**25** 十三	**26** 十四
31 十九		

三	四	五	六
		1 元旦	2 十九
6 三	7 廿四	8 廿五	9 廿六
3 月	14 初二	15 初三	16 初四
0 八节	21 初九	22 初十	23 十一
7 五	28 十六	29 十七	30 十八

日	一	二
	1 二十	2 廿一
7 廿六	8 廿七	9 廿八
14 情人节	15 初四	16 初五
21 初十	22 十一	23 十二
28 十七		

February | 二月

三	四	五	六
春	4 小年	5 廿四	6 廿五
0 九	11 除夕	12 春节	13 初二
7 六	18 雨水	19 初八	20 初九
4 三	25 十四	26 元宵节	27 十六

日	一	二
	1 十八	2 十九
7 廿四	8 妇女节	9 廿六
14 龙头节	15 初三	16 初四
21 初九	22 初十	23 十一
28 十六	29 十七	30 十八

三	四	五	六
3 十	**4** 廿一	**5** 惊蛰	**6** 廿三
0 七	**11** 廿八	**12** 植树节	**13** 初一
7 五	**18** 初六	**19** 初七	**20** 春分
4 二	**25** 十三	**26** 十四	**27** 十五
31 九			

日	一	二
4 清明	5 廿四	6 廿五
11 三十	12 初一	13 初二
18 初七	19 初八	20 谷雨
25 十四	26 十五	27 十六

April | 四月

三	四	五	六
	1 愚人节	2 廿一	3 廿二
7 六	8 廿七	9 廿八	10 廿九
4 三	15 初四	16 初五	17 初六
21 十	22 地球日	23 十二	24 十三
28 七	29 十八	30 十九	

日	一	二
2 廿一	3 廿二	4 青年节
9 母亲节	10 廿九	11 三十
16 初五	17 初六	18 博物馆日
23 十二	24 十三	25 十四
30 十九	31 二十	

May | 五月

三	四	五	六
			1 劳动节
5 夏	6 廿五	7 廿六	8 廿七
2 士节	13 初二	14 初三	15 初四
9 游日	20 初九	21 小满	22 十一
6 五	27 十六	28 十七	29 十八

日	一	二
		1 儿童节
6 廿六	**7** 廿七	**8** 廿八
13 初四	**14** 端午节	**15** 初六
20 父亲节	**21** 夏至	**22** 十三
27 十八	**28** 十九	**29** 二十

June | 六月

三	四	五	六
2 二	3 廿三	4 廿四	5 芒种
九	10 初一	11 初二	12 初三
6 七	17 初八	18 初九	19 初十
3 四	24 十五	25 十六	26 十七
0 一			

日	一	二
4 廿五	5 廿六	6 廿七
11 初二	12 初三	13 初四
18 初九	19 初十	20 十一
25 十六	26 十七	27 十八

July | 七月

三	四	五	六
	1 建党节	2 廿三	3 廿四
7 暑	8 廿九	9 三十	10 初一
4 五	15 初六	16 初七	17 初八
1 二	22 大暑	23 十四	24 十五
8 九	29 二十	30 廿一	31 廿二

日	一	二
1 建军节	**2** 廿四	**3** 廿五
8 初一	**9** 初二	**10** 初三
15 初八	**16** 初九	**17** 初十
22 中元节	**23** 处暑	**24** 十七
29 廿二	**30** 廿三	**31** 廿四

三	四	五	六
六	5 廿七	6 廿八	7 立秋
1 四	12 初五	13 初六	14 七夕节
8 一	19 十二	20 十三	21 十四
5 八	26 十九	27 二十	28 廿一

日	一	二
5 廿九	6 三十	7 白露
12 初六	13 初七	14 初八
19 十三	20 十四	21 中秋节
26 二十	27 廿一	28 廿二

September | 九月

三	四	五	六
五	2 廿六	3 廿七	4 廿八
二	9 初三	10 教师节	11 初五
5 九	16 初十	17 十一	18 十二
2 六	23 秋分	24 十八	25 十九
9 三	30 廿四		

日	一	二
3 廿七	4 廿八	5 廿九
10 初五	11 初六	12 初七
17 十二	18 十三	19 十四
24 十九	25 二十	26 廿一
31 廿六		

October | 十月

三	四	五	六
		1 国庆节	2 廿六
一	7 初二	8 寒露	9 初四
3 八	14 重阳节	15 初十	16 十一
0 五	21 十六	22 十七	23 霜降
7 二	28 廿三	29 廿四	30 廿五

日	一	二
	1 廿七	2 廿八
7 立冬	8 初四	9 初五
14 初十	15 十一	16 十二
21 十七	22 小雪	23 十九
28 廿四	29 廿五	30 廿六

三	四	五	六
L	**4** 三十	**5** 初一	**6** 初二
〇 六	**11** 初七	**12** 初八	**13** 初九
7 三	**18** 十四	**19** 下元节	**20** 十六
4 十	**25** 感恩节	**26** 廿二	**27** 廿三

日	一	二
5 初二	6 初三	7 大雪
12 初九	13 初十	14 十一
19 十六	20 十七	21 冬至
26 廿三	27 廿四	28 廿五

December | 十二月

三	四	五	六
七	2 廿八	3 廿九	4 初一
五	9 初六	10 初七	11 初八
5 二	16 十三	17 十四	18 十五
2 九	23 二十	24 平安夜	25 圣诞节
9 六	30 廿七	31 廿八	

艺术·彩绘釉陶戴笠帽骑马女俑 [唐]

服饰·明黄色绸绣葡萄夹氅衣〔清〕

《虢国夫人游春图》局部，唐，张萱
辽宁省博物馆 藏

军事·龙首三足鐎斗【六朝】

酒器·兽面纹兕觥［商代后期］

宠物·三彩三花马［唐］

生活·汝窑天青釉弦纹樽【北宋】

家具·黄花梨波浪纹围子玫瑰椅 [明]

《明成祖朱棣像》轴，现代，杨令茀
北京故宫博物院藏

午门以深

李少白 / 摄影

后宫宫门
李少白 / 摄影

太和殿台基上的螭首

李少白 / 摄影

永和宫

李少白 / 摄影

《洛神赋图》卷（局部），东晋，顾恺之（宋摹）

北京故宫博物院 藏

《重屏会棋图》卷（局部）、五代，周文矩（宋摹）
北京故宫博物院 藏

《韩熙载夜宴图》卷（局部），五代，顾闳中（宋摹）
北京故宫博物院 藏

真偽何妨晚春花比枝

雍容自身子自宮我巧

轉物乃知末數几馬者

獨高萊伯時畫馬繡

老勤波墨梘禪印几

論尚題

《浴馬圖》卷，元，趙孟頫
北京故宮博物院 藏

《清明上河图》卷（局部）、北宋，张择端
北京故宫博物院 藏

《无用师卷》（局部），元，黄公望
台北故宫博物院 藏

图书在版编目（CIP）数据

故宫之美：寻宝·探秘·看展：实用手账 / 祝勇著.
-- 北京：天天出版社，2020.6

ISBN 978-7-5016-1295-6

Ⅰ.①故… Ⅱ.①祝… Ⅲ.①本册②故宫 – 介绍
Ⅳ.①TS951.5②K928.74

中国版本图书馆CIP数据核字(2020)第078939号

责任编辑：郭　聪　　　　　　　　　美术编辑：丁　妮
责任印制：康远超　张　璞

出版发行：天天出版社有限责任公司
地址：北京市东城区东中街42号　　　　　邮编：100027
市场部：010-64169902　　　　　　　　传真：010-64169902
网址：http://www.tiantianpublishing.com
邮箱：tiantiancbs@163.com

印刷：天津市豪迈印务有限公司　　　　经销：全国新华书店等
开本：787×1092　1/32　　　　　　　印张：5
版次：2020年6月北京第1版　　　　　印次：2020年6月第1次印刷
字数：20千字　　　　　　　　　　　印数：1-10,000册

ISBN 978-7-5016-1295-6　　　　　　　定价：38.00元